NOUVELLES CONSIDÉRATIONS

à l'appui de notre interprétation

SUR LE

MODE DE FONCTIONNEMENT

DU

SYSTÈME NERVEUX

—◦◦❋◦◦—

LE D' RAMES

Ancien interne des hôpitaux de Paris
Membre correspondant de la Société médicale de Paris
Médecin en chef de l'hospice d'Aurillac

AURILLAC

IMPRIMERIE DE H. GENTET

Imp. de la Préfecture et du Chemin de fer.

—

1877

NOUVELLES CONSIDÉRATIONS

à l'appui de notre interprétation

SUR LE

MODE DE FONCTIONNEMENT

DU SYSTÈME NERVEUX

Poursuivant notre étude pour prouver que mouvement et sensibilité ont une disposition organique, un fonctionnement analogue et subissent une éducation pareille, nous allons à l'avoir de cette proposition apporter quelques considérations nouvelles, considérations d'ensemble d'abord, puis de plus en plus spécifiées, les premières se rattachant à la sensibilité générale, aussi à l'axe spinal jusques à la protubérance annulaire, les autres ayant trait au bout périphérique des nerfs.

§ I.

Les deux expériences suivantes, empruntées au *Traité du Système nerveux* du professeur Vulpian, vont nous servir de point de départ :

« Si on place, à 3 ou 4 millimètres du tégument d'un lambeau du manteau ou du pied, pris sur un escargot vivant, l'extrémité d'un fil métallique que l'on a plongé dans de l'acide acétique, on voit les muscles sous-cutanés entrer en contraction et les glandules excréter une partie de leur contenu ; »

« Sur une grenouille décapitée, la même expérience, répétée sur l'extrémité des doigts du membre postérieur, détermine des mouvements d'ensemble sans contraction locale des muscles sous-jacents. Pour avoir des contractions fibrillaires de ces derniers, il faudrait que la peau fût excisée à ce niveau (p. 755 et 756). »

Interprétant ces deux expériences, nous dirons : Dans le premier cas, on se heurte aux propriétés des tissus vivants, et là, sensibilité et mouvement se confondent ; Dans le second cas, c'est tout d'abord le même effet qui se produit. On ne saurait admettre une modification de sensibilité sans contraction des fibres lisses du réseau capillaire ; mais la peau forme barrière pour les muscles sous-cutanés, et ce n'est que par l'intermédiaire des filets sensitifs et moteurs qu'une première émotion, se continuant jusqu'au cordon médullaire et y troublant un équilibre nerveux préétabli, des mouvements d'ensemble apparaissent.

Rapprochons de ces deux résultats expérimentaux certains faits biologiques similaires, et de ce rapprochement ressortira, ce nous semble, le mode physiologique de ces derniers et la justifi-c ation d'une coordination entre faits analogues.

La sensibilité commune, celle qui nous donne la conscience de notre manière d'être, les grandes sensations, telles que celles de la faim et de la soif, les grands mouvements organiques qui peuvent en être rapprochés, les suivants par exemple : l'horripilation, la sécheresse des muqueuses, n'ont pas de localisation nerveuse déterminée. Si l'on ajoute que l'injection d'eau dans les veines calme la soif, que l'injection d'un liquide nutritif dans l'intestin apaise la faim, que le calorique coupe court à une sensation de froid, on est bien près de retomber dans les phénomènes de la première expérience, de retrouver là le jeu d'un tissu vivant, une réaction de surface. Un frisson qui se généralise, nous ramène à la deuxième expérience, nous fait voir une action médullaire résultant de la rupture d'un équilibre nerveux préexistant.

Bien mieux, l'ordre de succession de ces phénomènes nous indique la ligne suivie, nous montre l'émotion médullaire apparaissant comme conséquence de la propriété de tissu.

Et par le fait, si on s'élève à une vue d'ensemble plus généralisée, ne paraît-il pas souverainement irrationnel de faire de la moelle allongée, par exemple, (d'un tronçon nerveux ayant comme longueur de 27 à 30 millimètres, comme diamètre antero-postérieur 13 millimètres, comme diamètre transverse 18 millimètres, pesant de 7 à 8 grammes), un centre, et pour les mouvements respiratoires et pour les mouvements du cœur et pour ceux de la circulation, un foyer d'où émanent les fonctions d'expression, de la parole, de la déglutition, une source d'où découlent certaines sécrétions, sans compter qu'il servira de lieu de transit pour une multitude de courants? Combien le contraire est-il plus raisonnable, et n'est-il pas naturel d'y voir l'aboutissant des grandes fonctions organiques qui, elles, ont pour *substratum*, un terrain où sensibilité et contractilité marchent de concert?

Ce point de vue d'ensemble établi, arrivons à l'axe spinal; examinons-le dans son développement, dans son aménagement et constatons pour ces différents points sa subordination aux impressions de la périphérie.

Pour le développement nous trouvons ceci : que la partie la première formée est la substance grise, que la substance blanche est de formation secondaire, son rôle paraissant être d'établir l'accession ou le raccord du système nerveux périphérique à la substance grise. Par le fait, avant les faisceaux de substance blanche existent déjà les racines et les ganglions rachidiens, aussi la partie initiale des nerfs spinaux. (CAMPANA, *Dict. encycl.*)

« D'abord viennent les zônes radiculaires de la substance blanche, puis les faisceaux médians de Goll.... C'est par la région cervicale que commence leur apparition, ce n'est qu'une semaine ou deux après que la même évolution s'effectue à la région dorsale. (PERRET, *Arch. de Ph.*, 1873., p. 537.) »

Quelle déduction tirer des faits qui précèdent? Que les grandes fonctions de nutrition, de circulation et de respiration,— fonctions toutes communiquées d'abord, — paraissant les premières, c'est le point qui doit leur servir de raccord qui se constituera aussi en premier lieu dans l'axe médullaire.

Du reste, pour le myélencéphale entier il en est de même. « Chez les nouveaux-nés, le bulbe et la moelle sont de toutes les parties des centres nerveux celles qui, sans être parfaites, sont dans l'état le plus voisin de celui qui sera définitif. Après vient le mésocéphale, puis le cervelet, enfin les hémisphères cérébraux, » (PARROT, *Arch. de Ph.*, 1872., p. 64.), et tout cela est dans l'ordre et concorde avec notre manière de voir. Il serait assez original, en effet, que les oganes qui doivent être le point de départ fussent les derniers à se constituer !

Une contre-vérification tendant encore à prouver que les dispositions organiques de la périphérie commandent l'état de la moelle, même sur une organisation faite, ressort des faits suivants : Toute amputation d'ancienne date a, comme conséquence, une diminution de la moelle au point correspondant à la jonction des nerfs du membre coupé, et cela quoique ces nerfs eux-mêmes n'aient subi aucune atteinte, du moins dans la portion qui a survécu ; mais, comme nous le verrons plus loin, l'extrémité périphérique a un grand rôle. Ce point d'atrophie est même limité, comme pour démontrer qu'une fois le point de raccord établi, l'essentiel est fait. Au-dessus, la moelle reprend son volume normal.

Ces résultats, qui pourraient surprendre tout d'abord, ne sont que des corollaires forcés des grandes lois qui président à la vie.

Milne-Eward l'a dit, le progrès dans l'organisation est la division du travail physiologique ; en d'autres termes, dans les organisations supérieures, toute grande fonction offrira ce cachet d'avoir un territoire jusqu'à un certain point délimité. Son action, au contraire, devant concourir à un but commun, on comprend que celle-ci se diffuse et soit solidaire de celles qui tendent à une même fin. C'est aux centres nerveux qu'est dévolu ce rôle de centralisation.

En preuve, prenons un exemple dans chaque catégorie de phénomènes biologiques.

Comme contingent n'arrivant pas à la moelle et manquant pour un *tonus* musculaire, nous rappellerons l'aspect cadavérique que prend l'un des côtés de la face lorsque le raccord des cordons de la vie organique avec les centres nerveux est empêché par la compression du cordon cervical sympathique et des ganglions dans la région cervicale. Nous avons eu occasion d'en observer un exemple des plus caractérisés, et le souvenir nous est resté de l'impression produite par l'aspect de ce masque cadavérique, que venaient animer par moments les mouvements volontaires. Ces phénomènes pourraient être rangés sous ce titre : Atonie par défaut d'action synergique.

Comme solidarité des deux systèmes de la vie organique et de la vie animale, et peut-être de reflux d'un système sur l'autre, mentionnons le fait suivant : « Le curare, en abolissant les réactions réflexes dans le système musculaire de la vie de relation, donne plus d'énergie à celles qui se font dans le domaine du sys-

tème musculaire de la vie organique. » (VULPIAN, Moelle ép.,
Dict. encycl.)

Comme diffusion dans la moelle relative aux centres organiques médullaires, rapportons l'expérience suivante :

Le professeur Vulpian, après avoir coupé la moelle épinière à
la partie supérieure de la région cervicale chez un chien, électrise
le bout central d'un nerf sciatique et détermine une augmentation
de la tension intra-artérielle. Il démontre ainsi que le centre vaso-
moteur n'est pas localisé dans la moelle allongée, mais qu'il
réside aussi dans toute la colonne grise de la moelle épinière.
(ROCHEFONTAINE, *Arch. de Ph.*, 1876, p. 148.) Des autres centres
analogues (génital, cilio-spinal), on pourrait en dire autant.

S'occupant des modifications faites à la sensibilité par sa diffusion dans la moelle, le même professeur s'exprime ainsi : « De la
réunion dans la moelle des impressions périphériques résulte une
innervation centrale, première des transformations pour fournir
une sensation encéphalique consciente. » (DECH., Moelle ép.,
p. 458.)

Mais s'il est un ordre de faits pour lesquels ce que nous venons de dire paraît absolu, c'est bien pour les divers modes de
mouvements. Aujourd'hui que la théorie, dite du *clavier*, n'est
plus soutenable, attendu qu'il est acquis que les cordons moteurs
venus de la périphérie ne se continuent pas directement jusques
aux centres nerveux, force est de chercher un autre mode d'union
et de reconnaître dans le milieu médullaire des centres de cellules coordonnant le mouvement ; et comment comprendre que de
pareils centres aient pu se constituer et puissent se continuer dans
leur rôle sans admettre une harmonie préétablie, un raccord
préalable, sans supposer des moyens de communication toujours
existant, maintenant une position acquise, reliant l'instrument et
tout lieu de détente qui pourra devenir l'occasion d'un mouvement? Or, pareil concours, ce nous semble, ne peut résulter pour
le système de la vie organique que d'une éducation fournie par

la nature, c'est-à-dire se confondant avec les propriétés de tissus, pour la vie de relation, que d'un apprentissage datant des premiers moments de la vie fœtale et se continuant jusqu'à la mort de l'individu.

Les considérations qui précèdent font de la moelle un réceptacle qui se constitue pour recevoir, au fur et à mesure de leur production, chacune des actions des divers systèmes organiques d'une économie. A cette heure, voyons si des tensions fonctionnelles spéciales, pourrait-on dire, n'indiquent pas certaines localisations, sans délimitation bien tranchée, mais s'harmonisant avec les traditions d'aménagement organique que nous venons de constater.

Les résultats suivants sont autant de faits, ou bien pathologiques, ou bien dus à diverses expériences faites sur la moelle.

C'est dans les profondeurs vagues du milieu médullaire que paraît se rendre l'apport du système de la vie organique. Le contre-coup des souffrances de ce milieu se traduit à la périphérie par de l'atrophie ou autres troubles nutritifs.

Les sphincters ont un rôle à part, dont l'importance ne saurait être contestée. Leur innervation paraît être le résultat d'un effet d'ensemble ; telle est du moins l'impression qui ressort de la constatation suivante : Si une compression siége dans la moelle au niveau de la région dorsale ou au-dessus, il y a constriction forcée, tout travail au-dessus, soit médullaire, soit cérébral, ayant pour la moelle un effet de dégagement ; si la compression est très basse, c'est le relâchement qui a lieu ; il y a incontinence. (DESCH., moelle ép., p. 670.)

Nous avons vu la colonne cervicale se constituer en premier lieu. Or, nous trouvons que les lésions des cordons latéraux de la moelle, dont les limites anatomiques ne descendent guère au-dessous de la région cervicale et qui, selon les prévisions de Ch. Bell, servent effectivement de conducteurs exclusifs aux excitations respiratoires, dépriment où abolissent les mouvements des

muscles thoraciques et du diaphragme. De même les phénomènes de l'hématose seront abolis dans leur ensemble, si la moelle
allongée vient à supporter le même genre d'altération. (EM. BER-
TIN, *Dict. encycl.*, p. 658.)

Peut-être doit-on rapprocher de ces résultats l'expérience suivante du professeur Brow-Séquard, expérience dénotant, ce me
semble, que des influence diverses peuvent, en quelque sorte, se
pénétrer. « Si on sectionne les faisceaux postérieurs, au niveau du
bec du *Calamus scriptorius*, les corps restiformes, quoique intacts
et respectés, et ayant toutes leurs connexions avec la substance
grise du bulbe et des pédoncules cérébelleux, perdent leur sensibilité.

Au sujet de la motilité et de la sensibilité, nous nous bornerons
à relater les faits suivants :

Les conducteurs venus des membres supérieurs sont situés
plus superficiellement. Ils peuvent être seuls atteints sous certaines influences.

Le professeur Schiff, en électrisant la moelle sur les animaux
avec des courants faibles d'abord, puis de plus en plus forts, ob-
tient la flexion, puis après l'extension des membres. (Loc. cit.,
p. 692.)

De même, si une irritation excito-motrice est modérée, la con-
tracture se fera en flexion ; devient-elle plus forte, il y aura extension forcée.

D'après Brow-Séquard, il existerait dans la moelle des conducteurs spéciaux pour les diverses impressions sensitives, douleur,
toucher, température, chatouillement, car une ou plusieurs de
ces espèces de sensibilité peuvent disparaître alors que les autres
restent intactes. Les impressions de froid, de chaleur aboutiraient
aux parties grises centrales. Les impressions pour la douleur seraient plus disséminées, mais existant surtout dans les parties
postérieures et latérales de la substance grise. Les antérieures, au

contraire, seraient l'aboutissant des impressions de toucher et de chatouillement.

Observons, toutefois, qu'une simple compression de la moelle peut être cause d'une perversion dans les sensations ; ainsi alors un simple contact provoquera, dans une étendue considérable et mal délimitée, la perception de vibrations pénibles, ascendantes, descendantes, qui peuvent persister longtemps après la cessation de l'excitation. Signalons aussi les retards dans la perception et aussi les sensations associées. Tous faits tendant à faire croire à des variations dues au jeu, à l'instrumentation (Loc. cit., p. 670.)

L'ensemble de ces données établissant cette notion que la moelle est un centre qui se constitue à mesure et en raison de l'arrivée des impressions de la périphérie des nerfs, qu'elle sert de lieu de diffusion, que des tensions fonctionnelles s'y remarquent, nous allons terminer ce paragraphe en montrant que, quoique il n'y ait pas de cantonnement nerveux bien délimité dans l'axe médullaire, il est facile toutefois d'y reconnaître de grandes circonscriptions territoriales, circonscriptions montrant que les tendances fonctionnelles deviennent plus complexes à mesure que l'on s'élève vers l'encéphale et que des éléments composites apparus sur les confins de chaque compartiment ménagent la transition de l'un à l'autre.

« Aucun nerf, excepté le spinal, ne prend naissance dans la région de l'entrecroisement. Les racines du premier nerf cervical sont situées immédiatement au-dessous et celles de l'hypoglosse au-dessus. Il n'y a donc pas lieu de s'étonner si on ne trouve pas dans la substance grise de ces agglomérations cellulaires bien nettes, désignées par Stilling sous le nom de noyau d'origine des nerfs. Les minces filets radiculaires du spinal qui traversent la formation réticulaire se dirigent vers le côté externe de la substance péritubulaire , mais sans qu'il y ait encore à ce niveau de trace visible de ce que sera plus haut le noyau du spinal. » (DECH., moelle épin., p. 313.)

Ce terrain, neutre en quelque sorte, nous servant de point d'arrêt, demandons-nous à quoi se réduit l'ensemble nerveux situé au-dessous ? Supposons une économie d'ordre supérieur, mais réduite à ses propres ressources et privée de toute vie communiquée et ayant un axe médullaire s'arrêtant au-dessus de l'entrecroisement ; que trouvons-nous ? Des plexus nerveux venus d'organes et aboutissant à la moelle, des filets nerveux dérivés pareillement d'une charpente, organisée pour les relations du dehors, comprenant toute l'écorce extérieure moins la face, — filets rejoignant aussi le même axe nerveux, — toute un ensemble nerveux, représentation d'un mécanisme monté mais inapte à une vie propre ; car un point essentiel fait défaut, celui où viendra s'exercer le conflit de tous ces influx avec un en plus, celui apporté par le pneumo-gastrique.

La fonction respiratoire n'est encore représentée dans la moelle que par le nerf phrénique, mais ce nerf rentre dans la catégorie des nerfs venus des muscles qui appartiennent au côté mécanique, à l'accessoire d'une fonction. Il n'apporte avec lui que des filets sympathiques. Seul, un nerf est là, établissant la transition, c'est le spinal qui, par ses filets dérivés les uns des muscles, les autres des plexus pulmonaires, existe déjà à l'état de trait d'union entre l'individualité et le milieu ; mais, comme nous l'avons déjà dit, ces filets sont encore rares ; les cellules avec lesquelles il communique sont en petits nombre. Pour trouver le centre où viendront se répercuter les effets du conflit engagé entre les liquides plastiques et l'agent excitateur du dehors, il faut arriver à la seconde circonscription territoriale, à la moelle allongée, au terrain où viennent aboutir les filets connus sous le nom de pneumo-gastrique.

Jetons un coup d'œil sur cette seconde partie de la moelle et constatons que le génie des nerfs qui s'y rendent diffère de celui des embranchements situés au-dessus.

On peut le dire sans hésiter, dans la moelle allongée, le pneumo-gastrique règne en maître. De concert avec lui arrivent l'hypoglosse, le spinal, le glosso-pharyngien ; tous peuvent être considérés comme ses tributaires, chacun d'eux, dans son trajet, lui fournit son contingent sous forme d'anastomoses, et leurs noyaux viennent se ranger autour du sien.

Cherche-t-on à se rendre compte du terrain qui a fourni à ces cordons nerveux leur influx, on voit que ce sont ces tissus qui, soit au point de vue de la sensibilité, soit ou point de vue de la motilité ont reçu les effets de l'agent extérieur, de l'air atmosphérique, et ont réagi à son contact. Tous tendent au même but, à l'établissement de la fonction respiratoire.

Sur ce point viennent donc se concentrer et la vie plastique et son agent excitateur ; là se complète la mécanique animale ; rien de surprenant dès lors qu'on y constate le nœud vital.

Si nous voulions pousser plus loin, nous verrions de nouveaux moyens de transition s'établir pour des fonctions sur-ajoutées. La vie existe, elle doit se continuer. Sur les confins du bulbe apparaîtraient des filets du facial, aussi des filets de la 5ᵉ paire, qui, d'un côté, par eux-mêmes ou par l'intermédiaire du glosso-pharyngien, fournissent des filets au pneumo-gastrique, mais qui, d'un autre côté aussi, s'associent aux nerfs qui apporteront aux centres la connaissance du milieu. L'intelligence arriverait comme couronnement.

§ II.

Dans ce second paragraphe nous nous bornerons à énoncer les faits à notre connaissance qui démontrent l'importance capitale de l'extrémité périphérique des nerfs, tout en indiquant la ligne suivie par l'action nerveuse.

Chez la grenouille le lingual est fourni par le nerf vague ; chez l'homme il est une dépendance de la 5e paire.

De deux choses l'une, ou le noyau central est l'origine d'un nerf, ou il n'est que son lieu de raccord. Dans l'espèce, la première supposition amènerait à cette conséquence étrange, qu'un nerf respiratoire se transformerait, dans son trajet, en nerf de la sensibilité générale. La seconde, au contraire, fournit une explication très satisfaisante de cette variante. Venu de la muqueuse linguale et de celle du pharynx, des gencives, des amygdales, des glandes sous-maxillaires et sub-linguales, le filet lingual apparaît comme nerf intermédiaire entre la vie de relation et le côté respiratoire de la vie organique ; rien de plus naturel dès lors que, participant du génie des filets qui fournissent au bulbe, il aille se réunir au tronc de l'un d'eux. Bien mieux, on comprend que chez la grenouille, être inférieur, le contingent organique l'emporte et détermine sa jonction au cordon du pneumo-gastrique, et qu'au contraire, chez l'homme, être supérieur, le côté animal prédominant, il aille se réunir au filet de la 5e paire. Dans tous les cas, pareil fait tend à prouver que le point d'origine est l'élément essentiel, que celui d'arrivée aux centres est relativement accessoire, que partant, sa position peut varier, car il n'a qu'un but de diffusion.

Nous l'avons déjà dit, dans le cas d'amputation ancienne, l'ablation de ce que l'on appelle l'extrémité terminale des nerfs entraîne, comme contre-coup, une diminution dans le volume de la moelle, mais seulement dans l'endroit où ces nerfs viennent se raccorder à l'axe médullaire, et cela, sans que la portion conservée de ces mêmes nerfs ait perdu de son calibre. Qu'en conclure ? Qu'il y a concordance entre le point d'émergence à la périphérie et celui de la réunion à la moelle, que le premier dicte le second. En admettant que la moelle fournisse les nerfs, on ne s'expliquerait guère cette atrophie interjetée ; on comprendrait

plutôt que tout le cordon nerveux fût réduit, 'dans toute sa longueur, jusques à la surface de section.

Comme faits de même ordre, entraînant une appréciation de
même nature, citons les suivants :

Une excitation électrique s'exerçant à la périphérie d'un nerf
arrive plutôt aux centres que si elle est appliquée dans la continuité de ce même nerf.

L'ésérine, soit par son application directe sur les muscles, soit
par diffusion au moyen de l'absorption, agit sur la *terminaison* des
nerfs moteurs, de manière à leur enlever leur excitabilité. Le
même effet est loin de se produire avec la même facilité, si l'on
agit sur la continuité du nerf.

Les expériences du professeur Vulpian ont prouvé que le curare n'agit ni sur les muscles, ni sur les nerfs, mais s'interpose
de façon à empêcher les effets de l'un sur l'autre.

L'action de l'ésérine nous permet de constater un résultat de
plus ; c'est que l'activité de ce poison s'exerce sur l'élément moteur lui-même, en partant probablement des muscles et remon-
tant toute la colonne nerveuse jusques aux centres. — En effet,
une même dose, suivant le mode d'administration, est tolérée ou
bien devient mortelle, fournissant ainsi la preuve que ce n'est
pas par la modification imprimée aux liquides de l'économie
qu'elle agit, puisque la quantité absorbée est la même, mais bien
par son action sur les nerfs. Or, la modification apportée, s'exerçant sur l'extrémité périphérique des nerfs moteurs, cette pré-
somption en découle que l'ébranlement nerveux produit va de la
périphérie vers les centres.

Enfin, rappelons que dans les cas de sclérose de la moelle,
toute excitation vive portée sous la plante des pieds détermine
des contractions musculaires saccadées dans le membre inférieur, secousses dues, probablement, à l'empêchement qu'é-
prouve le dégagement de l'action nerveuse vers les centres, et que

ce résultat n'a plus lieu, si on agit sur la jambe. N'est-ce pas là, comme effet d'ensemble, ce que nous venons de constater pour chaque nerf en particulier ?

Cette étude close, pour en condenser les apperçus, demandons-nous d'abord, quelle idée on peut se faire de l'arbre nerveux, d'après notre interprétation et dans les limites que nous nous sommes imposées ; puis, en guise de *mise en action*, initions-nous à quelques-uns des *modes* acquis des premiers stades de l'appareil de la vision.

Comme réponse à la première question, nous dirons qu'il suffit de se reporter au travail publié par les Drs Arloing et Léon Tripier, dans les *Archives de Physiologie* (année 1869), et d'en rapprocher les vues que nous venons d'exposer, pour baser sur des données physiologiques certaines, le schéma suivant :

A la périphérie existe une atmosphère nerveuse qui tend vers les centres par des filets nerveux : que l'on en supprime quelques-uns, les autres les suppléeront d'une manière insuffisante peut-être, mais encore efficace ; que l'on opère la section plus haut, là où tous les conducteurs sont réunis, au-dessus du coude pour le bras, par exemple, toute voie étant fermée, la paralysie devient complète. Dans le milieu où puisent les filets sympathiques, les deux éléments sensibilité et motilité sont confondus ; on comprend donc qu'il n'y ait pas de filets de mouvement et de filets de sentiment distincts ; dans celui qui fournit aux nerfs de la vie de relation, cette distinction existe ; aussi, constate-t-on des conducteurs répondant à ces deux indications ; toutefois, leur solidarité est telle, que tout empêchement, soit pour l'un, soit pour l'autre, est suivi de défectuosité, que l'harmonie est détruite, qu'un exercice régulier ne peut s'accomplir qu'avec le concours de ces deux éléments, ne peut résulter que d'une éducation où chacun d'eux fournit sa part.

Aux confins de la moelle, les filets de sentiments ayant à subir probablement une première modification, les indications nerveuses se scindent de nouveau, mais pour bientôt se refondre dans la moelle, chacune d'elles apportant son contingent d'attributions, les effets du sympathique allant se répercuter surtout dans le milieu médullaire, les autres se disposant tout autour.

Cette même disposition se continue jusqu'à l'entre-croisement des pyramides. Au-dessus, un élément nouveau s'ajoute, celui qui représente le côté *dépense*, le résultat de l'action du milieu sur un organisme fait. De son concours dépend le conflit de la vie ; par son intervention se complète le nœud vital.

Plus haut encore nous trouverions, ainsi que nous l'avons déjà dit, quelques filets servant d'intermédiaire (filets du facial, de la 5ᵉ paire), traits-d'union jetés entre la sensibilité commune et une sensibilité plus fine, entre une musculature ordinaire et une musculature mieux réussie ; en montant toujours, les sens spéciaux et leurs dépendances ; enfin, comme couronnement le territoire pour les fonctions intellectuelles, pour ce commerce intime reflet épuré, combiné, du commerce extérieur, auquel nous nous garderons bien de toucher.

Les expériences des docteurs Arloing et Léon Tripier nous ont servi de point de départ, nous ont initié aux origines mêmes de l'action nerveuse. Les données suivantes, empruntées aux auteurs les plus autorisés, vont nous en montrer l'épanouissement ; elles seront là comme la sanction de l'interprétation que nous venons de faire.

« Plus on s'élève dans l'échelle animale, plus l'excitation électrique révèle de points excitables, de centres divers à la surface du cerveau. » (*Arch. de Ph.*, p. 479.)

« Chez les chiens, la destruction de régions limitées des circonvolutions n'a jamais produit que des phénomènes d'hémiplégie légère. » (VULP., *Syst. nerv.*, p. 686.)

« La peau du crâne, le péricrâne, les méninges et surtout les circonvolutions et d'autres parties du cerveau possèdent la puissance, sous l'influence surtout d'une excitation thermique, de produire, au moins temporairement, les divers phénomènes qui suivent la section du nerf grand sympathique cervical du

côté correspondant à l'excitation. » (Brow Seq., *Arch. de Ph.*, 1875, p. 864.)

« Meynert considère la couche corticale du cerveau comm e un plan de projection, dans le sens géométrique du mot, et le monde extérieur comme l'objet projeté ; d'où il découle que les différentes parties du corps donnent naissance à différentes espèces de sensations qui impriment sur l'encéphale une représentation de l'objet projeté. » (*Arch. de Ph.*, 1875, p. 482.)

Il suffit, en effet, de réfléchir à ces résultats pour y voir des points de repaire qui indiquent que toute impression nerveuse, soit sensible, soit motrice, perçue à la périphérie et venue des tissus plastiques, quelque délicate qu'en soit la nuance, sera répercutée dans la périphérie nerveuse ; que l'action nerveuse centrale deviendra de plus en plus complexe du bas de l'axe spinal à l'extrémité céphalique, que toute supériorité d'organisation, soit au point de vue de l'échelle de l'animalité, soit au point de vue de l'échelle des fonctions, sera suivie d'un emmagasinement plus complet ; enfin, on comprendra que les différents centres étant reliés par des conducteurs tantôt condensés, tantôt épanouis, les conséquences d'une lésion puissent jusques à un certain point être prévues, quoique présentant une grande variabilité à la moindre modification.

Une dernière perspective, empruntée à l'organe de la vision, va nous montrer l'indépendance relative des premières stades d'une fonction.

D'une manière générale, on peut dire de l'œil que la sclérotique est sa délimitation externe et aussi son squelette, que la cornée en est plus spécialement le tégument externe ; la choroïde, le tégument interne avec ses deux éléments, apport et dépense, l'un veineux, l'autre artériel.

Que l'on vienne à sectionner les nerfs, continuation nerveuse de chacune de ces parties constituantes, et l'on verra se produire les résultats suivants :

La section du nerf trijumeau, dans l'intérieur du crâne, au niveau et au-delà du ganglion de Gasser, sera suivie de trouble dans la transparence de la cornée, le segment postérieur de l'œil, rétine, choroïde, corps vitré restant indemnes et dans leur intégrité première.

Une même lésion sur le cordon sympathique, au cou, entraînera une dilatation des vaisseaux de l'œil et, comme phénomène corrélatif, une rétraction du globe oculaire dû à la contraction d'un muscle organique, premier moment, indice de toute une série de mouvements gradués, connus sous le nom d'effets réflexes et, en effet, bien digne de réflexion !

Un désordre apporté dans l'anneau nerveux qui existe dans la région du muscle ciliaire, produira l'atrophie du globe oculaire, la cornée conservant sa transparence.

On le voit, toutes ces parties qui ne sont que complémentaires, ont chacune leur correspondant nerveux spécial, et tout trouble survenu dans la longueur de ce dernier amènera, par contrecoup, un désordre dans le milieu, point d'émergence.

Arrivé au sens lui-même, nous trouvons des allures encore plus accusées. La rétine est l'appareil nerveux qui perçoit la lumière ; pour montrer l'indépendance du côté plastique et du côté fonctionnel, nous nous bornerons à la citation suivante, empruntée à la thèse du docteur Boucheron, 1875 :

« La rétine, au moins dans les parties qui forment réellement l'appareil sensoriel (cônes, bâtonnets et couches extérieures), paraît, au point de vue trophique, indépendante du nerf optique, puisqu'on possède des pièces histologiques montrant l'existence de cônes et de bâtonnets normaux dans la rétine d'un homme aveugle depuis vingt ans par atropie du nerf optique. »

Le nerf optique, lui, simple conducteur pour une impression lumineuse, se montre similaire des radicules nerveuses qui, une fois arrivées à la moelle et plongeant dans la substance grise, perdent complètement leurs attributs. En effet, vient-on à faire passer un courant électrique qui impressionne la rétine, un phosphène apparaît. Le même phénomène ne se produit plus si l'on fait passer le même courant à travers le crâne au niveau des apophyses mastoïdes et cependant, dans ce cas, l'origine des nerfs optiques est excitée ainsi que les tubercules quadrijumeaux, preuve qu'en ce point la réaction n'est déjà plus la même.

Ainsi donc, disons-le, l'œil, organe complet, sens spécial, rayonne vers les centres nerveux par toute une série de cordons nerveux représentant des éléments plastiques qui entrent dans sa composition comme parties constituantes, et là, son action se diffuse et se modifie assez pour n'être plus accessible aux excitants ordinaires.

Arrêtant là cette étude, nous l'apporterons en réconfort des précédentes ; nous la résumons en disant :

Sur la propriété du tissu comme base s'agence le jeu des organes. L'action de ceux-ci, par des filets nerveux, se répercute sur les ganglions, sur l'axe spino-cérébral pour y créer des centres d'activité similaires qui seront comme un thème pour l'exercice d'une existence séparée.

Sensibilité, motilité, tout obéit à un même courant. Si les contractions musculaires paraissent dues à un effet centrifuge, celui-ci ne peut être considéré que comme un contre-courant, car tout mouvement volontaire, même le plus simple, ne peut résulter que d'une coordination déjà préétablie.

Aurillac, Mai 1877.

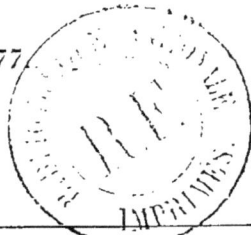

AURILLAC, IMP. H. GENTET, RUE MARCHANDE.

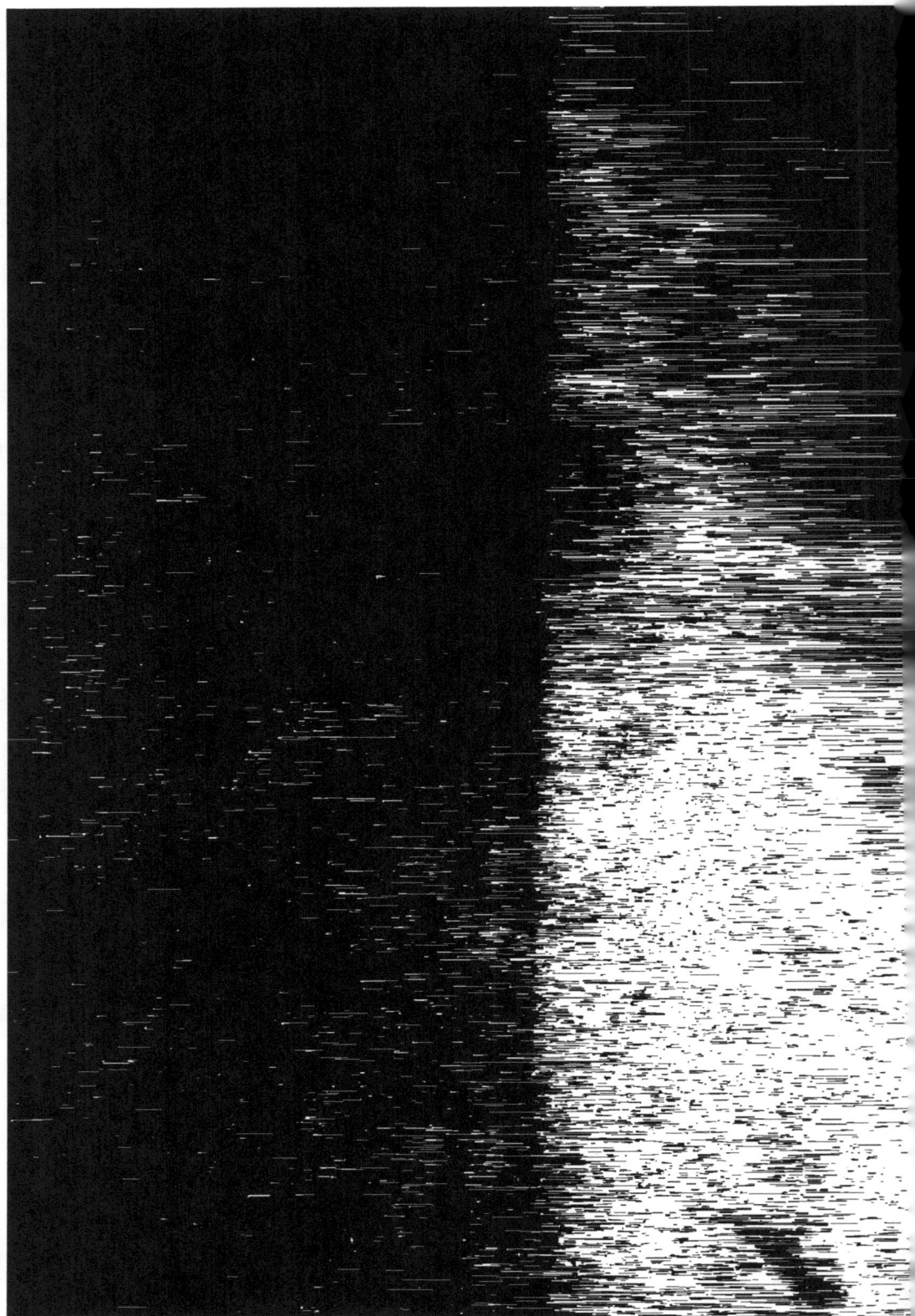

www.ingramcontent.com/pod-product-compliance
Lightning Source LLC
Chambersburg PA
CBHW060517200326
41520CB00017B/5085